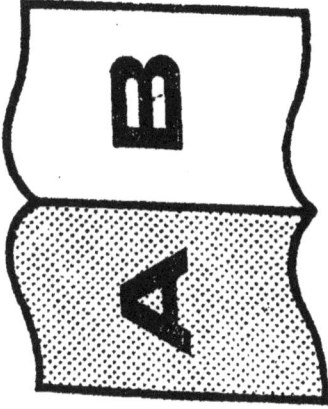

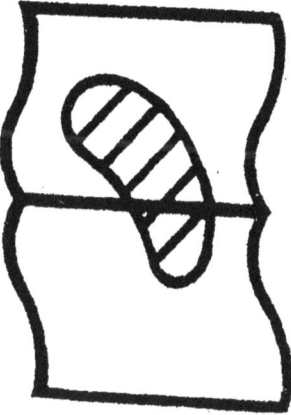

I0075379

RAPPORT A M. WADDINGTON,

MINISTRE DE L'INSTRUCTION PUBLIQUE ET DES BEAUX-ARTS,

SUR LE SERVICE

DES

MISSIONS ET VOYAGES SCIENTIFIQUES

EN 1876,

PAR M. LE Bon DE WATTEVILLE.

PARIS.

IMPRIMERIE NATIONALE.

M DCCC LXXVII.

RAPPORT A M. WADDINGTON,

MINISTRE DE L'INSTRUCTION PUBLIQUE ET DES BEAUX-ARTS,

SUR LE SERVICE

DES

MISSIONS ET VOYAGES SCIENTIFIQUES

EN 1876.

RAPPORT A M. WADDINGTON,

MINISTRE DE L'INSTRUCTION PUBLIQUE ET DES BEAUX-ARTS,

SUR LE SERVICE

DES

MISSIONS ET VOYAGES SCIENTIFIQUES

EN 1876,

PAR M. LE Bᵒⁿ DE WATTEVILLE,

PARIS.

IMPRIMERIE NATIONALE.

M DCCC LXXVII.

RAPPORT A M. WADDINGTON,

MINISTRE DE L'INSTRUCTION PUBLIQUE ET DES BEAUX-ARTS,

SUR LE SERVICE

DES

MISSIONS ET VOYAGES SCIENTIFIQUES
EN 1876.

Paris, 19 mars 1877.

Monsieur le Ministre,

En terminant mon rapport précédent, sur le service des missions et des voyages scientifiques pendant l'année 1875, j'avais l'honneur de dire à Votre Excellence :

« Des vingt-huit missions accordées en 1875, plusieurs sont en « cours d'exécution et doivent se continuer pendant l'année 1876 : « ce sont les missions de

« MM. Cournault (Suisse, Allemagne), Masqueray (Algérie), Wie-
« ner (Pérou-Chili), E. André (Colombie, Équateur, Pérou),
« Jobert (Brésil), Pinart et de Cessac (Alaska), Savorgnan de
« Brazza et Marche (Afrique centrale), La Savinière (Célèbes),
« Rondaire (Tunisie), Armingaud (Italie), Meyriguac (An-
« tilles, Amérique du Sud), le docteur Harmand (Cochin-
« chine), Molard (Italie).

« Nous avons la ferme assurance que les savants dont je viens
« d'avoir l'honneur de vous exposer brièvement les travaux, Mon-
« sieur le Ministre, les continueront avec bonheur et avec succès,
« et justifieront votre confiance. Tout nous donne l'espoir qu'il

« contribueront puissamment à faire progresser la science et à
« soutenir à l'étranger la juste réputation acquise par les savants
« français. »

Ces prévisions n'ont pas été trompées. Avant de vous exposer la
situation des missions accordées et entreprises en 1876, permettez-
moi, Monsieur le Ministre, de vous rappeler les résultats obtenus
par les personnes dont je viens d'énumérer les noms.

I

M. Cournault, envoyé en Allemagne, en Autriche, en Hongrie,
pour dessiner les antiquités gauloises qui se trouvent dans les collections publiques ou privées de ces divers pays, a heureusement
effectué ses recherches. L'album qu'il rapporte se compose de trois
cent cinquante-six aquarelles; après la réunion annuelle des sociétés savantes, il ira enrichir les collections de la Bibliothèque
nationale, qui possède déjà les portefeuilles du même auteur rapportés de Suisse en 1875[1].

Pendant une première exploration, M. Masqueray avait visité les
ruines romaines de Timgâd; en 1876, ses recherches ont porté dans
le sud de la province de Constantine sur ce massif de l'Aurès (Mons
Aurasius des Romains) dont la topographie était mieux connue
que l'histoire, l'ethnologie et la linguistique. Il a éclairci quelques
passages importants de Procope, et a jeté une vive lumière sur des
points de l'histoire de la guerre des Vandales, restés inexplicables
jusqu'à ce jour. M. Masqueray a envoyé au Ministère plusieurs rapports, la copie d'un nombre considérable d'inscriptions inédites,
un alphabet et des textes du dialecte berbère chawi. Bien qu'éprouvé
gravement par les fièvres intermittentes, ainsi que les hommes qui
l'accompagnaient, il a pu faire des fouilles dans des monuments
mégalithiques, dans des ruines romaines, enrichir de ses décou-

[1] Le rapport de M. Cournault sur sa mission en Suisse a été publié dans la
première livraison du tome IV (3e série) des Archives des missions scientifiques
et littéraires (1877).

vertes le musée d'Alger, enfin lever le plan d'une ville jusqu'alors
inconnue, Icchoukhan et sa grande nécropole, dont il nous a
donné la description.

De nombreux rapports de M. Ch. Wiener nous ont fait connaître
les résultats de sa mission sur les côtes du Pérou et de la Bolivie.
En ce moment, grâce à l'appui de M. d'Aubigny, faisant fonction
de ministre de France à Lima, grâce au bienveillant concours du
gouvernement péruvien, notre jeune et intrépide explorateur suit
les vestiges de l'ancien chemin des Incas. Parti de la ville de Caja-
marca, au nord du Pérou, il a Cuzco pour objectif. Cette route,
qui se maintient pendant plusieurs centaines de lieues sur les
sommets de la chaîne des Cordillères, présente, à tous égards, de
sérieux dangers, et jamais encore elle n'avait été parcourue d'une
extrémité à l'autre par un voyageur européen. Dans mon précédent
rapport, j'indiquais l'envoi fait par M. Wiener de dix-sept caisses
d'antiquités recueillies dans ses fouilles ou dues aux libéralités
d'un négociant français, M. Quesnel. Depuis lors, plus de cinquante
caisses nouvelles sont parvenues au Ministère; et, au retour pro-
chain de M. Wiener, il sera possible d'enrichir plusieurs de nos
collections publiques avec les objets qu'il a expédiés ou qu'il rapporte.

Les Présidents des républiques de la Colombie, de l'Équateur,
du Pérou, tous les agents du Ministère des affaires étrangères dans
l'Amérique du Sud, M. d'Aubigny à Lima (Pérou), M. Troplong,
chargé d'affaires à Santa-Fé de Bogota (Colombie), M. Boulard,
consul général à Quito (Équateur), M. Berne, vice-consul de France
à Barranquilla, M. Pouchard, vice-consul à Tumaco, et, à côté de
ces Messieurs, M. Bunch, ministre d'Angleterre à Santa-Fé-de-
Bogota (Colombie), ont puissamment contribué au succès de la
mission de M. Ed. André. Ce naturaliste est de retour en France,
et il a déjà remis au Ministère un rapport général sur ses travaux
avec une carte, dressée par lui-même, des contrées qu'il a parcourues entre le 11° degré de latitude nord et le 12° sud. Malgré les
souffrances et les maladies qui ont signalé la seconde période du
voyage de M. André, les observations qu'il a faites et les collec-

tions qu'il a rapportées sont considérables. Son herbier seul contient plus de 4,300 espèces représentées par 18,000 échantillons. Les plantes vivantes expédiées en Europe ont atteint le chiffre de 4,722, parmi lesquelles beaucoup de nouveautés; 991 oiseaux, 177 mammifères en peaux, 993 papillons, plusieurs milliers d'insectes, des serpents, des poissons, des mollusques, de nombreux produits végétaux et animaux conservés dans l'alcool, des minéraux et des fossiles, des antiquités des Incas et des Shyris Caras, costumes, armes, curiosités diverses, 350 dessins analytiques d'histoire naturelle, tels ont été les résultats de ces explorations d'un vaste territoire, qui seront fructueuses pour l'avancement des sciences. Enfin, M. André rapporte des notes, qui serviront à élucider quelques questions de géographie, et des observations physiques, qui ne tarderont pas à être publiées. Les premiers mémoires paraîtront prochainement dans nos Archives des missions.

Du Brésil, M. le Dʳ Jobert a expédié plusieurs envois au Muséum d'histoire naturelle, des poissons, des mollusques, des crustacés, des insectes. Quelques-uns de ces spécimens sont nouveaux, d'autres manquaient à nos collections. La série des poissons pêchés dans la baie de Rio-de-Janeiro (quatre-vingt-trois espèces) offre un grand intérêt en confirmant le mélange des faunes sur les deux versants Atlantique et Pacifique de l'Amérique.

Arrêté par une grave maladie provenant des fatigues et du climat, M. Pinart a été obligé de rentrer en France et d'interrompre sa mission. Il est reparti, plein d'ardeur, à la fin de janvier, avec M. de Cessac, pour entreprendre un grand voyage sur la côte nord-ouest de l'Amérique du Nord. Les objets rapportés par M. de Cessac à la suite de son exploration précédente ont été répartis suivant vos ordres, Monsieur le Ministre, entre les collections du Louvre, de Sèvres, du musée de Saint-Germain et du musée Berthoud, à Douai.

Des périls de toute nature entravent MM. Savorgnan de Brazza et Marche dans l'Afrique centrale. Bravant les fièvres paludéennes, qui les ont violemment éprouvés, bravant les attaques des populations féroces de cette partie de l'Afrique, ces voyageurs ont cependant dépassé la limite extrême à laquelle était parvenu, il y a trois ans, le regretté marquis de Compiègne. MM. de Brazza et Marche sont maintenant sur le haut de l'Ogowé, ils ont pu établir de bonnes relations avec les Pahoins, qui avaient repoussé à main armée M. de Compiègne. Malgré la difficulté des communications, M. Marche nous a fait parvenir deux cent quarante-neuf échantillons d'histoire naturelle (actuellement au Muséum), dont trois espèces rares de mammifères, dix espèces rares d'oiseaux, deux espèces nouvelles de reptiles, un poisson inconnu, vingt espèces nouvelles de lépidoptères, etc. etc.

Une dépêche de M. de la Savinière, du 12 juillet 1876, nous a appris son arrivée à Batavia, le bienveillant accueil de M. van Lansberge, gouverneur général des Indes néerlandaises, l'aide empressée que lui ont prêtée les agents consulaires de la France, et M. Swaving, le résident hollandais de Ménado. M. de la Savinière disait dans cette dépêche : « Ma santé se maintient bonne et j'ai l'espoir du meilleur succès dans ce pays riche et peu connu. Je suis déjà avec mes hommes dans les forêts du Minahassa, ayant moins à craindre le boa et le trigonocéphale que les coupeurs de têtes. Je me propose de donner seulement à mon retour la relation complète de mes travaux. »

M. le capitaine d'état-major Roudaire a terminé heureusement l'importante mission qui lui avait été confiée en Tunisie. Tout fait espérer qu'il a pu démontrer scientifiquement la possibilité de transformer des bas-fonds stériles et malsains en une mer qui porterait la vie et la fertilité dans des régions mornes et désolées. Le rapport de cette mission, accompagné d'une carte à l'échelle du ⁓⁓⁓⁓⁓ va bientôt paraître. En ce moment, l'Académie des sciences examine, dans leur ensemble, les travaux de M. Roudaire que la Société de géographie, à son point de vue spécial, a jugés dignes de la médaille d'or [1].

[1] 6,000 coups de niveau observés entre le golfe de Gabès et l'extrémité occi-

En se rendant à Florence pour rechercher les documents inédits de l'histoire de Cosme de Médicis, M. Armingaud a visité les archives de Turin. Il a relevé les pièces qui intéressent particulièrement la France et son histoire. Les résultats de ses recherches sont consignés dans un rapport qui va bientôt paraître dans nos Archives.

Nous n'avons pas de nouvelles du Dr Meyrignac parti pour les Antilles et l'Amérique du Sud, où il veut étudier, par climats et par races, la pathologie comparée ainsi que la géographie et la statistique médicale.

Le docteur Harmand continue ses explorations du Cambodge. Pendant les derniers mois de 1875 et le commencement de 1876, il a remonté le Mékong jusqu'à l'île de Khong et visité plusieurs provinces siamoises; mais ce voyage a été forcément interrompu par divers accidents, qui ont obligé le docteur à rentrer en Cochinchine. Un curieux et intéressant rapport, accompagné d'une carte des régions parcourues, nous a fait connaître les résultats obtenus. Depuis, le docteur Harmand a passé plusieurs mois dans les îles de Poulo-Condor. Malgré des difficultés regrettables, il a pu étudier, sous le rapport de l'histoire naturelle, ces îles qui n'étaient guère connues que des déportés annamites. Il a envoyé pour nos collections zoologiques deux ibis de très-grande taille appartenant à des espèces nouvelles, des oiseaux rares, des mammifères, des chauves-souris, en un mot des collections qui montrent que ce savant zoologiste, loin de se laisser décourager, redouble de zèle et d'activité. De prochains envois sont annoncés, et l'itinéraire qu'il doit suivre fait pressentir d'importantes découvertes.

De nouveaux rapports de M. Molard, l'arrivée d'un millier de fiches renfermant l'analyse de 3,325 documents ont convaincu Votre Excellence du succès des investigations de ce savant archi-

dentale de la dépression des chotts sur un parcours de plus de 1,100 kilomètres, 18 stations astronomiques ou géodésiques, de nombreux levés à la boussole lui ont permis de déterminer l'altitude et la topographie de cette intéressante partie du continent africain.

viste. Pour terminer, dans les archives de Gênes, ses travaux sur l'histoire de la Corse, il reste à M. Molard à dépouiller les registres *Litterarum* des archives de Saint-Georges; à en finir avec les volumes qui renferment les délibérations des Protecteurs de Saint-Georges, enfin à transcrire l'inventaire des documents triés et les extraits des *Libri contractuum*.

II

Après avoir terminé l'énumération des missions léguées par l'année 1875 à l'année 1876, permettez-moi, Monsieur le Ministre, d'aborder l'examen des travaux accomplis pendant cette dernière année, en suivant, comme je l'ai fait dans un précédent rapport, l'ordre chronologique de vos décisions.

En 1876, la Commission[1] invitée à vous donner son avis sur

[1] Cette Commission, pour l'année 1876, était composée de :

MM. le Ministre de l'instruction publique, *président*.
    Milne Edwards, de l'Académie des sciences, *vice-président*.
    Charton, sénateur.
    Anisson-Duperron, député.
    Bardoux, député.
    Comte Louis de Ségur, ancien député.
    Alexandre Bertrand, directeur du musée de Saint-Germain.
    Chevreul, de l'Académie des sciences.
    Léopold Delisle, de l'Académie des inscriptions.
    Delarbre, conseiller d'État, directeur au Ministère de la marine.
    Du Mesnil, conseiller d'État, directeur au Ministère de l'instruction publique.
    Vice-amiral de la Roncière le Noury, sénateur.
    Maunoir, secrétaire général de la Société de géographie.
    Meuraud, directeur au Ministère des affaires étrangères.
    Gaston Paris, de l'Académie des inscriptions.
    J. Quicherat, directeur de l'École des chartes.
    De Quatrefages, de l'Académie des sciences.
    Ravaisson, de l'Académie des sciences morales.
    Léon Renier, de l'Académie des inscriptions.
    Rouby, chef d'escadron d'état-major.
    De Saulcy, de l'Académie des inscriptions.
    Schéfer, directeur de l'École des langues orientales.
    Baron de Watteville, chef de la division des sciences et des lettres.
    Servaux, chef de division adjoint, *secrétaire*.

les demandes de mission s'est réunie six fois, elle a eu à se prononcer sur cinquante-sept demandes, elle en a écarté vingt-quatre et en a admis trente-trois. En outre, les membres qui la composent ont dû examiner les volumineux rapports envoyés par les missionnaires et vous indiquer ceux de ces mémoires qu'ils jugeaient dignes d'être insérés dans les Archives que publie le Ministère de l'instruction publique.

M. Edmond Blanc a voulu faire l'exploration complète du département des Alpes-Maritimes sous le rapport archéologique. Les fièvres paludéennes, contractées sur les bords du Var, l'ont empêché jusqu'à ce jour d'envoyer les rapports qu'il a préparés, mais qui ne sont pas entièrement achevés. Cette mission, qui ne comprend cependant encore que la partie méridionale du département, a donné de fructueux résultats. M. Blanc a recueilli deux cent trois inscriptions dont quarante et une sont inédites; il y a, parmi ces dernières, quatre inscriptions votives mentionnant des noms de divinités topiques inconnues jusqu'à ce jour, quatre milliaires et leurs inscriptions impériales, et cinq inscriptions funéraires donnant des noms géographiques. Le recueil des inscriptions du moyen âge se compose de cinquante-cinq textes, dont plusieurs inédits : trois d'entre eux se rapportent aux origines du christianisme. En outre, M. Blanc croit avoir la certitude qu'une voie romaine se dirigeait de Castellane vers Cimiez, en suivant la vallée de l'Esteron.

M. Tuetey a été envoyé à Rome pour collationner un registre important du trésor des chartes, qui manquait à la belle collection de nos Archives nationales. Ce registre renferme le recueil des actes de la chambre royale, lettres, états de fiefs, devis de fortifications, de 1180 à 1212. Il a collationné sur un manuscrit le texte du journal d'un bourgeois de Paris sous les règnes de Charles VI et de Charles VII; enfin, il a copié un fragment inédit du journal d'un autre bourgeois de Paris sous Charles VI. M. Tuetey a accompli sa tâche avec succès.

J'en dirai autant de M. Fagnan, jeune orientaliste attaché à la

Bibliothèque nationale, envoyé à Oxford pour transcrire le texte arabe du tome II de l'ouvrage d'Ibn Bassam, si important pour l'histoire des Arabes d'Espagne. On ne connaît qu'un seul exemplaire de cette histoire. Le tome I est à Paris, le tome II a Oxford, le tome III à Gotha. Nous espérons que notre grande bibliothèque aura bientôt l'ouvrage complet.

C'est à Bruxelles que se sont réunis les membres de l'association géodésique, en 1876. La France, représentée à ce congrès par deux membres éminents de l'Institut, MM. Faye et Villarceau, continue à tenir dans la science géodésique un rang des plus honorables. Les trois théorèmes sur les attractions locales, découverts par M. Villarceau, introduiraient dans l'étude de la figure de la terre une révolution analogue à celle que la théorie des perturbations a introduite dans l'étude des mouvements planétaires, ils feraient disparaître les difficultés qui ont arrêté les géodésiens depuis quarante ans, en permettant de comparer, *quelles que soient les attractions locales*, les coordonnées géodésiques et astronomiques, et de découvrir les portions des chaînes géodésiques dans lesquelles les discordances tiennent à des erreurs d'observation.

L'association a décidé que ces *trois admirables théorèmes*, pour employer l'expression d'un savant étranger[1], seraient incérés dans ses publications annuelles; sur la proposition de M. Villarceau, elle a arrêté qu'il serait fait dans l'espace compris entre Vienne, Leipsig et Cracovie, une vingtaine de stations astronomiques qui permettront d'appliquer à cette région le troisième théorème relatif à l'étude de la forme réelle de la terre; elle a enfin recommandé aux astronomes la méthode proposée par le savant français pour la détermination des déclinaisons des étoiles fondamentales nécessaires au calcul des latitudes terrestres, méthode qui consiste à éliminer les erreurs dues aux influences atmosphériques, en déplaçant les observateurs et les instruments.

Ajoutons que, grâce aux considérations, développées également aux dernières réunions du congrès par l'éminent membre de l'Institut, des progrès remarquables ont été réalisés dans les méthodes géodésiques d'observations, par l'emploi des vis micromé-

---

[1] Général-major Adam, délégué belge.

triques qui permettent de multiplier les pointés, et par la substitu-
tion des observations de *nuit* aux observations de *jour*, les premières
permettant d'obtenir une plus grande précision et de réduire, au
tiers ou au quart, la durée de séjour dans chaque station.

M. Soldi est un archéologue et un artiste. Il a voulu rechercher
dans les collectio.s publiques et privées de Paris et de Londres
les origines de la gravure en pierre fine, ses progrès, les causes de
ses transformations successives et dor .r une classification qui
permettrait d'assigner une date aux pierres gravées antiques,
même à celles qui n'ont pas d'inscriptions. Suivant lui, on peut
déterminer dans l'histoire de la glyptique une dizaine de périodes
qui se distinguent par l'emploi successif de *nouveaux instruments*.
L'ensemble et les applications de son système sont exposés dans
un ouvrage qui doit paraître dans le courant de cette année.

Étudier dans le Jura et dans les Alpes-Maritimes la partie supé-
rieure du terrain jurassique et les relations de ces couches avec le
terrain crétacé inférieur; étudier dans le Vicentin et la Hongrie
la succession des couches tertiaires et chercher à établir le syn-
chronisme avec le terrain du bassin de Paris, tel était le pro-
gramme que s'était tracé M. Hébert, professeur de géologie à la
Faculté des sciences de Paris. Accompagné de M. Munier-Chalmas,
préparateur du cours de géologie, il a relevé un grand nombre
de coupes dans la vaste région qu'il a parcourue. Il a recueilli
une quantité considérable d'échantillons de roches et de fossiles,
qui serviront de base à une série de mémoires et qui contribueront
à accroître les collections de la Sorbonne. M. Hébert a expédié
dans cette intention six caisses du Jura, neuf de la Hongrie, huit
de l'Italie septentrionale. Le poids de ces vingt-trois caisses s'éle-
vait à près de 1,000 kilogrammes[1].

Les missions ont leurs hasards. Tel champ où l'on pouvait espérer une riche moisson se trouve stérile, malgré l'habileté ou

---

[1] La mission de M. Hébert était gratuite.

la science de l'explorateur. C'est ce qui est advenu à M. Cons.
Parti pour visiter la côte orientale de l'Adriatique afin de rechercher des documents relatifs à l'histoire de la province romaine
de Dalmatie, M. Cons a adressé un rapport qui indique les
principaux résultats de son voyage, l'appui qu'il a trouvé en
M. de Sainte-Marie, actuellement consul général de France à Ra-
guse, et dont je rappelais l'an dernier les beaux travaux dans la
mission de Carthage. M. Cons a rapporté une inscription grecque
et la vue d'un monument découvert sur les bords du Cattaro.

De grandes assises scientifiques se sont tenues à Buda-Pesth.
Un congrès de statistique et un congrès des sciences préhistori-
ques ont eu lieu simultanément dans cette ville en 1876. Dans
un très-court rapport, M. Worms a exposé les principales discus-
sions de la réunion des économistes. Un rapport développé de
M. le docteur Magitot, qui va bientôt paraître dans les Archives,
fait connaître l'ensemble des questions relatives à l'anthropologie
traitées au congrès préhistorique. M. A. Bertrand directeur du
musée de Saint-Germain, qui, avec M. le docteur Magitot, repré-
sentait la science française dans cette réunion, a recueilli de nom-
breuses photographies et des moulages d'un grand intérêt, qui
ont enrichi les collections qu'il conserve. Ces pièces serviront à
la démonstration d'une thèse que soutient avec ardeur M. Bertrand ainsi que M. Hildebrand, le savant directeur du musée de
Stockholm : l'influence gauloise ou galatique qui, antérieurement
à l'invasion romaine, a régné sans contre-poids dans toute la Ger-
manie méridionale. « On trouve, dit M. Hildebrand, qu'aucun
amour-propre national ne pouvait égarer, on trouve non-seule-
ment dans la vallée du Rhin, mais en Thuringe, en Bohême,
en Moravie et dans les parties occidentales de la Hongrie *un si
grand nombre d'antiquités gauloises* qu'il est impossible de mé-
connaître que ces contrées ont été autrefois habitées par les populations de cette race. »

Depuis longtemps, M. Fierville a consacré ses veilles à une étude
approfondie de Quintilien, dont il veut publier une édition défini-
tive. Après avoir compulsé tous les manuscrits de cet écrivain

que possèdent les bibliothèques de France, M. Fierville vient de consulter les manuscrits de l'Espagne. A côté d'une étude sur son auteur favori, M. Fierville donne dans deux rapports détaillés d'intéressants renseignements sur les bibliothèques espagnoles.

En même temps que ce missionnaire, M. Bonnassieux, employé aux Archives nationales, allait aussi en Espagne rechercher des documents inédits, relatifs à l'expédition que Philippe le Hardi, roi de France, fit en 1285 en Catalogne. On se rappelle que le but de l'entreprise était d'assurer à Charles de Valois, second fils du roi, la couronne d'Aragon, que le saint-siége venait de lui accorder au détriment du roi Pierre III.

M. Bonnassieux a fait des recherches à Toulouse, à Carcassonne, à Perpignan et en Catalogne, à Girone et à Barcelone. C'est dans cette dernière ville qu'elles ont été le plus fructueuses. Les registres de la chancellerie de Pierre III ont été dépouillés avec le plus grand profit. Toute l'histoire de la guerre s'y trouve en effet contenue. Après les archives de la couronne d'Aragon, celles de la cathédrale et celles de la ville de Barcelone ont fait l'objet d'utiles recherches. En résumé, M. Bonnassieux a recueilli dans les divers dépôts de Barcelone plus de quatre-vingts pièces inédites. Ces documents permettent désormais de se rendre un compte exact de la campagne de 1285, en fournissant le moyen de contrôler le récit des chroniqueurs contemporains. M. Bonnassieux a eu à se louer particulièrement du concours empressé que lui a prêté M. Boffarull, directeur des archives de Barcelone.

La première livraison du tome IV des *Archives* renferme le rapport de M. Raffray sur sa mission en Abyssinie, et a permis d'apprécier les services rendus aux sciences naturelles et géographiques par ce jeune voyageur. Aussi lorsqu'il demanda à partir avec M. Maindron, préparateur au Muséum d'histoire naturelle, pour explorer les îles de la Sonde et la Nouvelle-Guinée, cette vaste région complétement inconnue, la Commission des missions s'est-elle empressée de donner un avis favorable. Un premier rapport, daté de Batavia (12 novembre 1876), est parvenu au Ministère. M. Raffray y fait connaître son arrivée à Java, l'appui chaleureux

qu'a bien voulu lui accorder Son Exc. M. van Lansberge, gouverneur général des Indes néerlandaises, l'accueil bienveillant du
consul de France, M. Delabarre. Tout en préparant son voyage
dans la Nouvelle-Guinée, où il compte passer une année, M. Raffray a réuni, en deux mois de séjour à Java, plus de cent types
d'animaux supérieurs et quatre mille insectes. Par une lettre
toute récente, reçue le 15 mars 1877, il nous annonce l'envoi
d'un nouveau rapport et le séjour d'un mois qu'il vient de faire
dans les îles Moluques. Il a visité les îles de Ternate et de Tidor. Puis, malgré l'insurrection indigène, qui rend l'exploration
de la grande île de Gilolo presque impossible, il a pu, grâce au
concours des autorités hollandaises, accompagner l'armée et se li-
vrer à ses études. Dans les Moluques, il a recueilli environ quatre
mille insectes, soixante-trois espèces d'oiseaux représentées par
deux cent cinquante individus. « Un des caractères les plus remarquables de la faune des Moluques, dit-il, est *la localisation*
dans chaque île des différentes espèces du règne animal. Ainsi
les insectes, les oiseaux de Ternate, de Tidor, de Gilolo présentent des différences très-marquées, bien que les îles soient
fort voisines. »

Sur la recommandation du Ministère de la marine, le Ministère
de l'instruction publique s'est efforcé de faciliter à M. Henri Le
Breton les moyens de terminer un grand travail, le dictionnaire
polyglotte des termes de marine. M. Le Breton a été passer plusieurs mois en Angleterre, où il a fort avancé son ouvrage, mais la
maladie l'a empêché de le terminer.

M. Guimet est parti pour le Japon, la Chine et les Indes, afin
d'étudier sur place les religions anciennes et modernes de l'extrême
Orient; il avait avec lui, comme dessinateur, M. F. Regamey. Les
lettres qu'il a adressées au Ministère montrent que M. Guimet est
satisfait des résultats obtenus. Il a réuni près de trois mille manuscrits, livres ou brochures sur les points qui l'intéressent. Il
rapporte une collection aussi complète que possible de toutes les
représentations divines, des vases sacrés et objets symboliques qui
servent aux cultes des différentes sectes dans les pays qu'il a visités,

et réunit les éléments d'un rapport d'ensemble, qui sera déposé dès son retour. M. Guimet se loue particulièrement des services qui lui ont été rendus par MM. Rioutahi-Kôuki, secrétaire général du ministère de l'instruction publique de S. M. le Mikado, Maki-Moura, gouverneur de Kioto, et M. Dury, professeur à l'école polytechnique de Yédo.

Afin de compléter un grand travail qu'il prépare pour notre collection des documents inédits de l'histoire de France (section d'archéologie), M. Le Blant, membre de l'Institut, est parti pour rechercher dans le midi de la France ce qui reste de sarcophages antiques. Il avait emmené avec lui M. Fritel, élève de l'École des beaux-arts, comme dessinateur. Il a rapporté de cette excursion plus de cinquante dessins, que l'on grave actuellement et qui vont bientôt paraître dans la collection des documents inédits.

M. Félix Ratte, ingénieur des arts et manufactures, demandant à utiliser pour la science un séjour de trois ans dans la Nouvelle-Calédonie, a été chargé de faire des recherches sur la géologie de cette contrée. Parti au mois de juin 1876, il n'a pas encore envoyé de ses nouvelles.

Étudier comme archéologue, comme géographe, comme anthropologiste, enfin comme philologue, une partie de la Russie et surtout les régions accessibles de l'Asie centrale, tel est le vaste plan que s'est tracé M. Ujfalvy, professeur à l'École des langues orientales. Les connaissances toutes spéciales de ce savant, sa grande habitude des lointains voyages, le rendaient capable d'entreprendre une aussi rude tâche. Pour se bien préparer à l'accomplir, M. Ujfalvy a passé plusieurs mois à Saint-Pétersbourg, afin de visiter les musées et les grandes collections; il a été admirablement dirigé dans ses investigations par MM. d'Osten-Sacken, de Séménof, Bytchkof, Ivanowski, etc.

Accompagné, guidé par ce dernier, M. Ujfalvy a fouillé des kourganes de l'ancien pays des Vôtes. Grâce à ces fouilles et aux libéralités de M. de Séménof et de M. Ivanowski, il a pu envoyer en France trente-quatre crânes, qui ont été répartis entre le Muséum et la Société d'anthropologie, et deux cent dix-huit objets divers en bronze, en fer, etc., donnés au musée de Saint-Germain. Les premiers résultats de cette mission sont exposés dans la 2ᵉ livraison du tome IV des Archives. Des lettres récentes font espérer de nouveaux envois, de nouveaux rapports, et annoncent le départ du voyageur pour Tachkendt[1] et l'Asie centrale.

M. de Mas Latrie, chef de section aux Archives nationales, a été plusieurs fois déjà à Venise recueillir tous les documents concernant les relations de la France avec la République. Son attention a été surtout attirée par les dépêches des ambassadeurs adressées à la Seigneurie de Venise, pendant leur résidence en France aux xvɪᵉ, xvɪɪᵉ et xvɪɪɪᵉ siècles. Dans ses missions antérieures, M. de Mas Latrie avait copié cent trente-huit volumes, liasses ou portefeuilles. De sa mission de 1876, il a rapporté dix nouveaux volumes qui ont été remis, ainsi que les précédents, à la Bibliothèque nationale, où ils sont à la disposition du monde savant[2]. M. de Mas Latrie a été puissamment secondé dans ses recherches par M. Cecchetti, directeur général des archives vénitiennes.

A Turin, M. le docteur Pietra Santa a assisté au congrès médical tenu dans cette ville. Il a donné la relation des questions scientifiques qui ont été examinées par la savante assemblée. Les détails qu'il rapporte sur les hospices marins et les écoles des enfants

---

[1] Une dépêche télégraphique, partie de cette ville le 14 mars, nous dit : «Arrivé après être tombé à l'eau avec bagages. — Collections scientifiques sauvées. — Vais partir pour Samarkand et Khokand.»

[2] 1° La copie d'environ 138 liasses des dépêches des ambassadeurs vénitiens résidant en France; ces 138 liasses représentent à peu près au complet les séries qui répondent aux périodes de 1554-1571, 1589-1611, 1643-1678, 1703-1723, 1755-1783.

2° La copie de six relations, des années 1655, 1708, 1733, 1737, 1740 et 1743.

3° Des extraits des registres 1-3, 5-9 des *Esposizioni*, pour les années 1541-1577 et 1580-1591.

4° Des extraits des registres 67-68 des *Deliberazioni*, pour les années 1550-1591.

Ces documents seront reliés suivant l'ordre même des originaux et formeront plus de 140 volumes.

rachitiques, sur les médecins *condotti*, c'est-à-dire sur les médecins attachés à une localité et dépendant de l'autorité municipale,
enfin sur les travaux techniques des différentes sections et notam-
ment sur la question si importante de l'utilisation des eaux d'égout,
sont tous du plus grand intérêt.

Pour se rendre compte des derniers perfectionnements introduits
dans les méthodes et dans les instruments de l'astronomie phy-
sique, M. Janssen a été deux fois en Angleterre. Les résultats de
son enquête seront consignés dans un rapport qui nous est annoncé.

Nous n'avons pas encore reçu de rapport de M. G. Serre, parti
à la fin de l'année pour recueillir les traditions, les institutions
juridiques, les coutumes des peuples de l'Océanie. Le départ de
M. Say pour son expédition chez les Touareggs et celui de M. l'abbé
Ansault pour l'Italie sont trop récents pour qu'ils aient pu nous
envoyer aucun rapport.

En Égypte, M. de Rochemonteix continue ses travaux; ses lettres nous promettent des rapports importants.

De même que M. Le Blant en Provence, M. Bonnardot a pré-
paré, en Lorraine, des travaux destinés à enrichir la collection des
documents inédits. En même temps qu'il copiait des chartes fran-
çaises dans les bibliothèques, les archives municipales ou hospita-
lières de Toul, de Nancy, d'Épinal, de Verdun, il découvrait des
fabliaux inédits sur les gardes des volumes et prenait des notes sur
les manuscrits précieux que possèdent les bibliothèques de ces diverses localités.

MM. Mangeot et Berson, anciens élèves de l'École normale su-
périeure, actuellement professeurs à l'École polytechnique de
Yédo (Japon), ont exprimé le désir d'utiliser au profit de la science
les rares loisirs que leur laisse le professorat. Sur leur demande,
l'Académie des sciences, l'Académie de médecine et M. Janssen

ont envoyé à ces jeunes savants des instructions pour les guider dans leurs recherches. Ces documents partis tout récemment ne leur sont pas encore parvenus.

Les débuts de la mission archéologique de M. du Châtellier dans le Finistère ont été des plus heureux. Du premier coup, il a découvert un cimetière celtique présentant tout à la fois les deux modes de sépultures : l'inhumation et l'incinération; près de ce cimetière, les débris d'un village celtique ou gaulois, enfoui sous les sables; tout près encore, des fortifications tour à tour occupées, — les médailles le prouvent, — par les Gaulois et par les Romains; puis des bijoux, des monnaies mérovingiennes, des armes de pierre, de bronze, de fer. Ces trésors seront mis sous les yeux des membres des sociétés savantes, lors de leur réunion annuelle à la Sorbonne.

Le monde savant s'est ému des découvertes de M. Mouchot, professeur au lycée de Tours. Avec les modestes ressources dont il pouvait disposer, n'ayant à son usage que des appareils imparfaits, M. Mouchot est parvenu à démontrer la possibilité d'utiliser pour l'industrie la source inépuisable de la chaleur, le soleil. Pour le mettre à même de continuer ses travaux, de réaliser ses découvertes, Votre Excellence l'a envoyé en Algérie. Là, dans ce pays du soleil constant, mieux que sous le ciel nuageux de la France, M. Mouchot, armé des nouveaux instruments qu'il vient de faire construire, pourra transporter ses théories du domaine spéculatif dans le domaine de la pratique, et opérer pour les pays chauds une grande révolution industrielle dont la portée est incalculable.

III

Avant de clore cette longue énumération, permettez-moi, Monsieur le Ministre, d'appeler votre attention sur un fait qui vient de se produire et qui pourrait avoir l'influence la plus favorable sur les voyages scientifiques : ce fait se rattache directement au sujet que je traite.

En 1876, la Société de photographie a créé un prix destiné à l'auteur du meilleur procédé pour obtenir les clichés sur préparation sèche. Sans entrer ici dans des détails techniques, disons que ces sortes de préparations présentent aux voyageurs de notables avantages : moins de bagages encombrants, moins de difficultés dans les manipulations en rase campagne, enfin, image obtenue sans perte de temps. Vous avez compris, Monsieur le Ministre, l'intérêt que présentait la solution d'un semblable problème, vous avez doublé le prix proposé par la Société de photographie.

Ce prix vient d'être remporté par M. A. Chardon, qui, disons-le immédiatement, a abandonné avec générosité au public la propriété de sa découverte.

Après de nombreux et longs essais, la Commission nommée pour juger les concurrents a reconnu : 1° que les surfaces préparées par M. A. Chardon depuis deux mois et demi donnaient les mêmes résultats que les surfaces préparées depuis quelques jours seulement; 2° que la sensibilité se rapprochait beaucoup de celle des préparations au collodion humide; qu'on pouvait par exemple obtenir des épreuves de portrait en cinq à dix secondes; 3° que, l'épreuve terminée, la pellicule qui avait reçu l'image, pellicule incassable, pouvait facilement être enlevée et mise à l'abri. — Le voyageur n'aura donc plus à redouter ces accidents désastreux, la chute d'un mulet, par exemple, comme cela s'est vu, qui en une seconde anéantissent les résultats d'une longue campagne, alors que les clichés sont pris sur glace.

IV

Pour résumer ce rapport, permettez-moi, Monsieur le Ministre, de tenter une sorte de classification, en groupant par régions les voyageurs dont je viens de citer les noms. On trouve, en les réunissant ainsi, que Votre Excellence a pu compter en 1876 :

En Europe	24 missions.
En Afrique	7 —
En Asie	7 —
En Amérique	5 —
En Océanie	2 —

Soit 45 missions. Ces 45 missions comprennent celles de l'année dernière qui ont été continuées cette année et celles qui ont été accordées en 1876.

Au contraire, en prenant pour base le classement méthodique suivant la nature des recherches, les missions de 1876 peuvent se répartir et se grouper dans l'ordre suivant :

Missions ayant pour objet :

l'archéologie... 11
des recherches dans les archives et les bibliothèques. 8
l'histoire naturelle................................. 16
l'anthropologie....................................... 2
la médecine... 2
la statistique.. 1
la législation comparée............................... 1
l'histoire des religions comparées.................... 1
la philologie... 3
la géographie... 8
la géodésie et l'astronomie........................... 4[1]

Comme l'année 1875 avait légué à l'année 1876 un certain nombre de missions en cours d'exécution qui sont presque toutes terminées, de même, nous aurons à retrouver dans le rapport des travaux de l'année 1877 les missions de :

MM. Masqueray (Algérie),
   Pinart et de Cessac (Amérique du Nord),
   Savorgnan de Brazza et Marche (Afrique centrale),
   La Savinière (Célèbes),
   Armingaud (Italie),
   Meyrignac (Antilles, Amérique du Sud),
   le docteur Harmand (Cochinchine),
   Molard (Italie),
   Wiener (Pérou et Bolivie),

[1] La différence que l'on peut remarquer entre les totaux des deux tableaux (si on les additionne) provient de ce qu'un même voyageur peut être chargé d'étudier simultanément plusieurs questions. M. Ujfalvy, par exemple, est chargé de recherches archéologiques et philologiques tout ensemble.

MM. Raffray et Maindron (Nouvelle-Guinée),
    Ed. Blanc (Alpes-Maritimes),
    Ratte (Nouvelle-Calédonie),
    Ujfalvy (Asie centrale),
    Serre (Océanie),
    Say (Sahara),
    Rochemonteix (Égypte),
    Du Châtellier (Finistère),
    l'abbé Ansault (Italie),
    Mangeot et Berson (Japon),
    Mouchot (Algérie),
    Guimet (Japon et Chine).

J'ai terminé, Monsieur le Ministre; je n'ai rien à ajouter, je le crois. Je ne pourrais que rappeler encore le zèle et le dévouement désintéressés dont nos voyageurs ont donné tant de preuves, et, bien que ces mérites soient dignes de tous les éloges, les résultats mêmes des missions forment un témoignage positif qui nous permet de ne pas insister.

Je suis avec respect, Monsieur le Ministre, de Votre Excellence, le très-obéissant serviteur,

Baron DE WATTEVILLE,

Chef de la Division des sciences et des lettres.

APPENDICE.

Les Archives des Missions scientifiques et littéraires comptent aujourd'hui dix-neuf volumes en trois séries.

Les deux premières livraisons du quatrième volume de la III° série, en cours de publication, contiennent :

Ce volume renferme en outre trois gravures de la grande carte du tracé de la mer intérieure de l'Afrique, par le capitaine Roudaire.

LISTE

www.ingramcontent.com/pod-product-compliance
Lightning Source LLC
Chambersburg PA
CBHW060511200326

41520CB00017B/4996